Der kleine Formelhelfer Anlagenmechaniker SHK

Eric Nagel
Pädagoge, M. A.

3., durchgesehene Auflage

Handwerk und Technik – Hamburg

ISBN 978-3-582-31042-2 Best.-Nr: 31357

Verlag Handwerk und Technik GmbH,
Lademannbogen 135, 22339 Hamburg; Postfach 63 05 00, 22331 Hamburg – 2018
E-Mail: info@handwerk-technik.de – Internet: www.handwerk-technik.de

Satz und Layout: Reemers Publishing Services GmbH, 47799 Krefeld
Druck: Elbe Druckerei Wittenberg GmbH, 06886 Lutherstadt Wittenberg
technische Zeichnungen: as-illustration Alexander Schmitt, 97222 Rimpar,
S. 27.1; S. 31.1; S. 43.1; S. 45.1; S. 55.1 bis 3
Grafische Produktionen Neumann, 97222 Rimpar, S. 42.1 bis 4

Vorwort

Der kleine Formelhelfer ist eine Ergänzung zu Lehrbüchern, Tabellenbüchern und Formelsammlungen für den Beruf des Anlagenmechaniker SHK. Zur Berechnung zentraler Größen, angefangen mit „Abgasverlust“ bis hin zu „Wirkungsgrad“, sind die wichtigsten Formeln aufgenommen und nach jeder Berechnungsgröße umgestellt. Im Umstellen der Grundformel wird leider viel zu oft schon der erste Fehler gemacht, deshalb ist der Formelhelfer als Einstiegshilfe in die Berechnungen zu verstehen. Diese Sammlung ist seit vielen Jahren erfolgreich im Einsatz bei der Unterstützung von Auszubildenden zum Anlagenmechaniker SHK.

… und weil Übung den Meister macht, gibt es zu jeder Formel **Übungsaufgaben mit Lösungen** zur Selbstkontrolle **als Download** bei

handwerk-technik.de

Artikelnummer D 31357111

Viel Erfolg wünschen Ihnen

Autor und Verlag

Inhaltsverzeichnis

Seite

Abgasverlust

$$q_A = (\theta_A - \theta_L) \cdot \left(\frac{A}{21 - O_2} + B \right)$$

q_A: Abgasverlust in %
θ_A: Temperatur Abgas in °C
θ_L: Temperatur Verbrennungsluft in °C
A und B: Beiwerte (Tabelle)
O_2: O_2-Gehalt
(θ oder ϑ bedeutet „klein theta")

Beiwerte	Heizöl EL	Naturgase	Flüssiggase
A	0,68	0,66	0,63
B	0,007	0,009	0,008

Brennstoffspezifische Faktoren
(aus 3137, Fachkenntnisse 2)

Oder:

- CO_2-Messung

$$q_A = (\theta_A - \theta_L) \cdot \left(\frac{A_1}{CO_2} + B \right)$$

q_A: Abgasverlust in %
θ_A: Temperatur Abgas in °C
θ_L: Temperatur Verbrennungsluft in °C

- O_2-Messung

$$q_A = (\theta_A - \theta_L) \cdot \left(\frac{A_2}{21 - O_2} + B \right)$$

A_1, A_2, B: Beiwerte (Tabellenwert)
CO_2: CO_2-Gehalt
O_2: O_2-Gehalt

Berechnungsbeiwerte A_1, A_2 und B

Beiwerte	Heizöl	Stadtgas	Erdgas	Flüssiggas
A_1	0,50	0,35	0,37	0,42
A_2	0,68	0,63	0,66	0,63
B	0,007	0,011	0,009	0,008

Arbeit

$$W = F \cdot s$$

$$F = \frac{W}{s}$$

$$s = \frac{W}{F}$$

W: Arbeit in Nm
F: Kraft in N
s: Weg in m

TIPP:

$N = kg \cdot m/s^2$
1Nm = 1 J
$Nm \xrightarrow{:1000} kJ$
$F = m \cdot g$
m: Masse in kg
g: Erd- oder Fallbeschleunigung in m/s^2
(auf der Erde gilt $g \approx 9{,}81\ m/s^2$)

Ausflussvolumen

$$V = A \cdot v \cdot t$$

$$A = \frac{V}{v \cdot t}$$

$$v = \frac{V}{A \cdot t}$$

$$t = \frac{V}{A \cdot v}$$

$$V = \dot{V} \cdot t$$

$$\dot{V} = \frac{V}{t}$$

$$t = \frac{V}{\dot{V}}$$

V: Ausflussvolumen in m^3
A: Fläche, Strömungsquerschnitt in m^2
v: Fließgeschwindigkeit in m/s
t: Zeit in s

$\dot{V}$: Volumenstrom in m^3/s

TIPP:

$$A = \frac{d^2 \cdot \pi}{4}$$

$$d = \sqrt{\frac{4A}{\pi}}$$

Außenluftvolumenstrom

- nach Luftwechselzahl

$$LW = \frac{\dot{V}_{AUL}}{V_{RAUM}}$$

oder:

$$\beta = \frac{\dot{V}_{AUL}}{V_R}$$

$$\dot{V}_{AUL} = LW \cdot V_{RAUM}$$

$$\dot{V}_{AUL} = \beta \cdot V_R$$

$$V_{RAUM} = \frac{\dot{V}_{AUL}}{LW}$$

$$V_R = \frac{\dot{V}_{AUL}}{\beta}$$

$\dot{V}_{AUL}$: Außenluftvolumenstrom in m^3/h
V_{RAUM} oder V_R: Volumen des Raumes in m^3
LW oder β: Luftwechselzahl in 1/h (Tabelle)

- nach Außenluftrate

$$\dot{V}_{AUL} = n \cdot AR$$

$$AR = \frac{\dot{V}_{AUL}}{n}$$

$$n = \frac{\dot{V}_{AUL}}{AR}$$

$\dot{V}_{AUL}$: Außenluftvolumenstrom in m^3/h
n: Anzahl der Personen
AR: Mindest-Außenluftrate (Tabelle)

- nach Fläche

$$\dot{V}_{AUL} = A \cdot AR$$

$$A = \frac{\dot{V}_{AUL}}{AR}$$

$$AR = \frac{\dot{V}_{AUL}}{A}$$

$\dot{V}_{AUL}$: Außenluftvolumenstrom in m^3/h
A: Fläche in m^2
AR: Mindest-Außenluftrate (Tabelle)

Luftwechselzahl LW für verschiedene Räume (Erfahrungswerte) $LW = \frac{\dot{V}_{AUL}}{V_{RAUM}}$

Raumart	Luftwechsel in 1/h
Ausstellungshalle	2…3
Arbeitsraum	3…7
Bibliothek	4…6
Büroraum	3…6
Computerraum	10…40
Duschraum	10…25
Flur	1…4
Garage	4…10
Gaststätte Nichtraucher	5…10
Gaststätte Raucher	6…12
Hörsaal	7…9
Hotelzimmer	3…5
Kino, Theater	4…6
Klassenraum	3…6
Kopierraum	10…20
Küche	8…25
Lackierraum	10…40
Montagehalle	4…9
Maschinenraum	10…40
Speiseraum	6…8
Sporthalle	3…6
Schweißarbeitsraum	15…30
Tagungsraum	5…10
Toilette Büro	5…8
Toilette Fabrik	8…10
Toilette Schule	5…8
Toilette öffentlich	10…15
Umkleideraum	6…10
Versammlungsraum	5…10
Werkhalle groß	2…3
Werkhalle klein	2…4
Werkstatt	3…6
Werkstatt mit Belastung	6…12

(aus 3130, Tabellenbuch)

Empfohlene Luftwechselzahlen β

Raumart	β in 1/h
Wohnräume nach WSVO 1995	0,3…..0,8
Toiletten in Wohnungen	2…4
Toiletten in Bürogebäuden	3….6
Ausstellungshallen	2…3
Büroräume	4…8
EDV-Anlagen	30 und mehr
Farbspritzräume	20…50
Gasträume, Restaurants:	
Raucher	6…12
Nichtraucher	4….8
Wohnungsküchen	8…20
Mittel- und Großküchen	15…20
Verkaufsräume	4…8
Schulen, Klassenräume	4…5
Schulen, Turnhallen	2…3
Kaufhäuser	4…6
Werkstätten	3…6
Versammlungsräume	5…10

Bestimmung des Außenluftvolumenstroms (ODA) für größere Räume nach DIN EN 13779 : 2007-09

Raumart	Raumbeispiel	personenbezogener AUL-Volumenstrom in m^3/h	flächenbezogener AUL-Volumenstrom in $m^3/m^2 \cdot h$
Arbeitsräume	Einzelbüro Großraumbüro	40 60	4 6
Versammlungsräume	Konzertsaal Theater Konferenzraum	20	10 bis 20
Unterrichtsräume	Lesesaal Unterrichtsraum	20 30	12 15
Räume mit Publikumsverkehr	Verkaufsraum Gaststätte	20 30	3 bis 12 8

(aus 3130, Tabellenbuch)

Dichte

$$\rho = \frac{m}{V} \qquad m = V \cdot \rho \qquad V = \frac{m}{\rho}$$

ρ: Dichte in kg/dm^3
m: Masse in kg
V: Volumen in dm^3
(ρ oder ϱ bedeutet „roh“)

Die Dichte ausgewählter Stoffe:

Feste Stoffe	$\frac{kg}{dm^3}$	Flüssige Stoffe	$\frac{kg}{dm^3}$	Gasförmige Stoffe	$\frac{kg}{dm^3}$
Aluminium	2,7	Wasser	(bei 4 °C) 1,0	Luft (bei 0 °C; 1013 mbar)	1,293
Blei	11,34	Benzin	0,72	Sauerstoff	1,429
Kupfer	8,9	Heizöl	EL 0,84	Erdgas L – H	0,7–0,84
Stahl	7,85			Kohlendioxid	1,977
Zink	7,2			Kohlenmonoxid	1,250
Zinn	7,28				
PVC	1,4				
PE	0,92 bis 0,95				

(aus 3135, Grundkenntnisse)

Drehmoment

$M = F \cdot l$ oder $M = F \cdot \frac{d}{2}$

$F = \frac{M}{l}$ oder $F = \frac{M \cdot 2}{d}$

$l = \frac{M}{F}$ oder $d = \frac{M \cdot 2}{F}$

M: Drehmoment in Nm
F: Kraft in N
l: Länge Hebel in m
d: Durchmesser in m

TIPP: $F = m \cdot g$

F: Kraft in N
m: Masse in kg
g: Erd- oder Fallbeschleunigung in m/s²
(auf der Erde gilt $g \approx 9{,}81$ m/s²)

Druck

$p = \frac{F}{A}$ $F = p \cdot A$ $A = \frac{F}{p}$

$p_e = p_{abs} - p_{amb}$ $p_{amb} = p_{abs} - p_e$

$p_{abs} = p_{amb} + p_e$

p: Druck in N/m² = Pa
F: Kraft in N
A: Fläche in m²

TIPP:

$A = \frac{d^2 \cdot \pi}{4}$ $d = \sqrt{\frac{4A}{\pi}}$

$F = m \cdot g$

p_e: Überdruck in bar
p_{abs}: Absoluter Druck in bar
p_{amb}: Umgebungsdruck in bar ≈ 1 bar

Umrechnungen Druck

bar $\xrightarrow{\cdot 1000}$ mbar; mbar $\xrightarrow{:1000}$ bar	bar $\xrightarrow{\cdot 10}$ N/cm^2; N/cm^2 $\xrightarrow{:10}$ bar	bar $\xrightarrow{\cdot 100.000}$ Pa; Pa $\xrightarrow{:100.000}$ bar
Pa $\xrightarrow{:100}$ mbar; mbar $\xrightarrow{\cdot 100}$ Pa	Pa $\overset{gleich}{\Rightarrow}$ N/m^2	Pa $\xrightarrow{:10.000}$ N/cm^2; N/cm^2 $\xrightarrow{\cdot 10.000}$ Pa
N/cm^2 $\xrightarrow{\cdot 100}$ mbar; mbar $\xrightarrow{:100}$ N/cm^2	N/cm^2 $\xrightarrow{\cdot 10.000}$ N/m^2; N/m^2 $\xrightarrow{:10.000}$ N/cm^2	hPa $\xrightarrow{\cdot 100}$ Pa; Pa $\xrightarrow{:100}$ hPa
hPa $\overset{gleich}{\Rightarrow}$ mbar	N/m^2 $\xrightarrow{:100}$ mbar; mbar $\xrightarrow{\cdot 100}$ N/m^2	N/m^2 $\xrightarrow{:100.000}$ bar; bar $\xrightarrow{\cdot 100.000}$ N/m^2

Hydrostatischer Druck

	oder:
$p_e = \rho \cdot g \cdot h$	$p = \rho \cdot g \cdot h$
$h = \dfrac{p_e}{\rho \cdot g}$	$h = \dfrac{p}{\rho \cdot g}$
$g = \dfrac{p_e}{\rho \cdot h}$	$g = \dfrac{p}{\rho \cdot h}$
$\rho = \dfrac{p_e}{h \cdot g}$	$\rho = \dfrac{p}{h \cdot g}$

ρ: Dichte in kg/m^3 (ρ oder ϱ bedeutet „rho“)
g: Fallbeschleunigung = 9,81 m/s² ≈ $10 m/s^2$
h: Höhe in m

TIPP:

10 Meter Wassersäule ≈ 1bar
1 Meter Wassersäule ≈ 0,1bar
(Dichtetabelle siehe Seite 11)

p_e oder p: hydrostatischer Druck in Pa

Druckverlust

$$Z = \sum \zeta \cdot \frac{\rho \cdot v^2}{2}$$

Z: Druckverlust durch Einzelwiderstände in Pa
ρ: Dichte in kg/m^3 (ρ oder ϱ bedeutet „rho“)
v: Fließgeschwindigkeit in m/s
ζ: Beiwert
(Σ bedeutet „Summe aus“)

TIPP:

ρ: $1 kg/dm^3 = 1000 kg/m^3$
Pa $\xrightarrow{:100}$ mbar

Widerstandsbeiwerte ζ von Einzelwiderständen

Einzelwiderstände	ζ-Wert			
Armaturen				
Nennweite DN	10 15	20 25	32 40	50 > 50
Schieber	1,0	0,5	0,3	0,3
Ventile, Geradesitzventil	10,0	7,0	5,0	4,0
Schrägsitzventil	3,5	3,0	2,5	2,0
Eckventil	4,0	2,0	2,0	1,5
Heizkörperventile, Durchgangsventil	8,5	6,0	5,0	4,0
Eckventil	4,0	2,0	2,0	–
Rücklaufverschraubung	2,0	1,5	1,0	–
Rückschlagventil	5,0	4,0	4,0	3,5
Rückschlagklappe	2,0	1,5	1,2	1,0
Kugelhahn	0,4	0,6	1,0	1,0

Widerstandsbeiwerte ζ von Einzelwiderständen

Einzelwiderstände		ζ-Wert	
Rückflussverhinderer		DN 15 – DN 20	7,7
		DN 25 – DN 40	4,3
		DN 50	3,8
Absperrventil mit integriertem Rückflussverhinderer		DN 20	6,0
		DN 25 – DN 50	5,0
Druckminderer voll geöffnet		30,0	
Kompensator		2,0	
Rohrformteile			
90°-Bogen		0,5	
Etagenbogen		0,5	
Hosen-T		1,5	
Überbogen		1,0	
T-Stück Vereinigung	↓ 0,5		
Durchgang	← 1	0,5	
Abzweig	↓ 0	1,0	
T-Stück Trennung	↓ 0		
Durchgang	→ 1,5	0,5	
Abzweig	↓ 0,5	1,5	
T-Stück Gegenlauf		3,0	
Sonstige Einbauteile			
Heizkessel		2,5	
Heizkörper		2,5	
Verteiler	Eintritt	1,0	
	Austritt	0,5	
Speicher-Trinkwassererwärmer		2,5	

(aus: 3136, Fachkenntnisse 1)

Einstellwert / Anschlusswert

Einstellwert:

$$\dot{V}_E = \frac{\Phi_{NB}}{H_{i,B}}$$

$\dot{V}_E$: Einstellwert in *l*/min
Φ_{NB} oder $\dot{Q}_{NB}$: Nennwärmebelastung in kW
$H_{i,B}$: Betriebsheizwert in kWh/m³
$\dot{V}_A$: Anschlusswert in m³/h
(Φ bedeutet „groß Phi")

$$\Phi_{NB} = \dot{V}_E \cdot H_{i,B}$$

$$H_{i,B} = \frac{\Phi_{NB}}{\dot{V}_E}$$

Anschlusswert:

$$\dot{V}_A = \frac{\Phi_{NB}}{H_{i,B}}$$

$$\Phi_{NB} = \dot{V}_A \cdot H_{i,B}$$

$$H_{i,B} = \frac{\Phi_{NB}}{\dot{V}_A}$$

Elektrotechnik

Ohmsches Gesetz

$$U = R \cdot I$$

$$I = \frac{U}{R}$$

$$R = \frac{U}{I}$$

U: Spannung in V
R: Widerstand in Ω
I: Stromstärke in A

Widerstand von Leitern

$$R_k = \frac{\rho \cdot l}{A} \text{ oder } R_k = \frac{\rho \cdot l}{q}$$

$$l = \frac{R_k \cdot A}{\rho} \text{ oder } l = \frac{R_k \cdot q}{\rho}$$

$$\rho = \frac{R_k \cdot A}{l} \text{ oder } \rho = \frac{R_k \cdot q}{l}$$

$$A = \frac{\rho \cdot l}{R_k} \text{ oder } q = \frac{\rho \cdot l}{R_k}$$

R_k: Leiterwiderstand in Ω
ρ: spezifischer elektrischer Widerstand (Tabellenwert)
l : Leiterlänge in m
A oder q: Fläche in m^2

Spezifischer Widerstand ρ in $\Omega \cdot \frac{mm^2}{m}$			
Silber	0,016	Eisen	0,1
Elektro-Kupfer	0,0175	Chrom-Nickel-Stahl	1,1

TIPP:

$$A = \frac{d^2 \cdot \pi}{4} \qquad d = \sqrt{\frac{4 \cdot A}{\pi}}$$

Elektrische Arbeit

$$W = P \cdot t$$

$$P = \frac{W}{t}$$

$$t = \frac{W}{P}$$

$$W = U \cdot I \cdot t$$

$$U = \frac{W}{I \cdot t} \qquad I = \frac{W}{U \cdot t} \qquad t = \frac{W}{U \cdot I}$$

W: Elektrische Arbeit in Wh
P: Elektrische Leistung in W
t: Zeit in h
U: Spannung in V
I: Stromstärke in A

Elektrische Leistung

$$P = U \cdot I$$

$$U = \frac{P}{I}$$

$$I = \frac{P}{U}$$

$$P = I^2 \cdot R$$

$$P = \frac{U^2}{R}$$

P: Elektrische Leistung in W
U: Spannung in V
I: Stromstärke in A
R: Widerstand in Ω

Reihenschaltung

$$U_{ges} = U_1 + U_2 + U_3 \ldots$$

$$R_{ges} = R_1 + R_2 + R_3 \ldots$$

$$I_{ges} = I_1 = I_2 = I_3 \ldots$$

U_{ges}: Spannung in V
R_{ges}: Widerstand in Ω
I_{ges}: Stromstärke in A

Parallelschaltung

$$U_{ges} = U_1 = U_2 = U_3 \ldots$$

$$\frac{1}{R_{ges}} = \frac{1}{R_1} + \frac{1}{R_2} + \frac{1}{R_3} \ldots$$

Bei zwei Widerständen:

$$R = \frac{R_1 \cdot R_2}{R_1 + R_2}$$

$$I_{ges} = I_1 + I_2 + I_3 \ldots$$

TIPP:

Bruch gleichnamig machen!

Flächen

Quadrat

$$A = l^2$$

$$l = \sqrt{A}$$

Rechteck

$$A = l \cdot b$$

$$b = \frac{A}{l}$$

$$l = \frac{A}{b}$$

A: Fläche in m²
l : Länge in m
b: Breite in m
h: Höhe in m
d: Durchmesser in m
$\pi \triangleq 3{,}14$ (π bedeutet „Pi")

Parallelogramm

$$A = l \cdot b$$

$$b = \frac{A}{l}$$

$$l = \frac{A}{b}$$

Dreieck

$$A = \frac{l \cdot b}{2} \text{ oder } A = \frac{l \cdot h}{2}$$

$$l = \frac{A \cdot 2}{b} \text{ oder } l = \frac{A \cdot 2}{h}$$

$$b = \frac{A \cdot 2}{l} \text{ oder } h = \frac{A \cdot 2}{l}$$

Flächen

Trapez

$$A = \frac{l_1 + l_2}{2} \cdot b$$

Kreis

$$A = \frac{d^2 \cdot \pi}{4}$$

oder:

$$A = r^2 \cdot \pi$$

$$d = \sqrt{\frac{4A}{\pi}}$$

$$r = \sqrt{\frac{A}{\pi}}$$

Mantelfläche Rohr

$$A_M = D \cdot \pi \cdot h$$

A_M: Mantelfläche
D: Außendurchmesser
h: Höhe oder Länge des Rohres

TIPP:

$d = D - (2 \cdot s)$
$D = d + (2 \cdot s)$
d: Innendurchmesser
s: Wandstärke des Rohres

Gasgleichungen

Allgemein:

$$\frac{p_{abs,1} \cdot V_1}{T_1} = \frac{p_{abs,2} \cdot V_2}{T_2}$$

$p_{abs,\,1\ oder\ 2}$: absoluter Druck in bar oder Pa (Pascal)
$T_{1\ oder\ 2}$: Temperatur in K (Kelvin)
$V_{1\ oder\ 2}$: Gasvolumen in m^3 oder dm^3

$$p_{abs,1} = \frac{T_1 \cdot p_{abs,2} \cdot V_2}{T_2 \cdot V_1} \qquad p_{abs,2} = \frac{T_2 \cdot p_{abs,1} \cdot V_1}{T_1 \cdot V_2}$$

$$T_1 = \frac{p_{abs,1} \cdot V_1 \cdot T_2}{p_{abs,2} \cdot V_2} \qquad T_2 = \frac{p_{abs,2} \cdot V_2 \cdot T_1}{p_{abs,1} \cdot V_1}$$

$$V_1 = \frac{p_{abs,2} \cdot V_2 \cdot T_1}{p_{abs,1} \cdot T_2} \qquad V_2 = \frac{p_{abs,1} \cdot V_1 \cdot T_2}{p_{abs,2} \cdot T_1}$$

TIPP:

$°C \xrightarrow{+\ 273} = K$

$K \xrightarrow{-\ 273} = °C$

Gasgleichung bei konstantem Druck

$$V_1 \cdot T_2 = V_2 \cdot T_1$$

$V_{1\ oder\ 2}$: Gasvolumen in m^3
$T_{1\ oder\ 2}$: Temperatur in K

$$V_1 = \frac{T_1}{T_2} \cdot V_2 \qquad V_2 = \frac{T_2}{T_1} \cdot V_1$$

$$T_1 = \frac{V_1}{V_2} \cdot T_2 \qquad T_2 = \frac{V_2}{V_1} \cdot T_1$$

Gasgleichung bei konstantem Volumen

$$p_1 \cdot T_2 = p_2 \cdot T_1$$

$p_{\text{abs, 1 oder 2}}$: absoluter Druck in bar oder Pa (Pascal)
$T_{\text{1 oder 2}}$: Temperatur in K (Kelvin)

$$p_{\text{abs},1} = \frac{T_1}{T_2} \cdot p_{\text{abs},2} \qquad p_{\text{abs},2} = \frac{T_2}{T_1} \cdot p_{\text{abs},1}$$

$$T_1 = \frac{p_{\text{abs},1}}{p_{\text{abs},2}} \cdot T_2 \qquad T_2 = \frac{p_{\text{abs},2}}{p_{\text{abs},1}} \cdot T_1$$

Gasgleichung bei konstanter Temperatur

$$p_1 \cdot V_1 = p_2 \cdot V_2$$

$p_{\text{abs, 1 oder 2}}$: absoluter Druck in bar oder Pa (Pascal)
$V_{\text{1 oder 2}}$: Gasvolumen in m³

$$p_{\text{abs},1} = \frac{V_2}{V_1} \cdot p_{\text{abs},2} \qquad p_{\text{abs},2} = \frac{V_1}{V_2} \cdot p_{\text{abs},1}$$

$$V_1 = \frac{p_{\text{abs},2}}{p_{\text{abs},1}} \cdot V_2 \qquad V_2 = \frac{p_{\text{abs},1}}{p_{\text{abs},2}} \cdot V_1$$

Gefälle

$$I_R = \frac{h}{l} \text{ oder } I_R = \frac{\Delta h}{l}$$

I_R: Relativgefälle
h oder Δh: Höhenunterschied in m
l: Grundlänge in m

$$h = I_R \cdot l \text{ oder } \Delta h = I_R \cdot l$$

$$l = \frac{h}{I_R} \text{ oder } l = \frac{\Delta h}{I_R}$$

$$I\% = \frac{h}{l} \cdot 100\% \text{ oder } I\% = \frac{\Delta h}{l} \cdot 100\%$$

$I\%$: Prozentgefälle
h oder Δh: Höhenunterschied in m
l: Grundlänge in m

$$h = \frac{I\% \cdot l}{100\%} \text{ oder } \Delta h = \frac{I\% \cdot l}{100\%}$$

$$l = \frac{100\% \cdot h}{I\%} \text{ oder } l = \frac{100\% \cdot \Delta h}{I\%}$$

Geschwindigkeit / Fließgeschwindigkeit

$$v = \frac{s}{t}$$

v: Geschwindigkeit / Fließgeschwindigkeit in m/s
s: Strecke in m
t: Zeit in s

$$s = v \cdot t$$

$$t = \frac{s}{v}$$

Gewichtskraft

$$F_g = m \cdot g$$

F_g: Gewichtskraft in N
m: Masse in kg
g: Erdbeschleunigung 9,81m/s² oder ≈ 10m/s²

$$m = \frac{F_g}{g} \qquad g = \frac{F_g}{m}$$

TIPP:

kg · m/s² = N

Allgemein:

$$F_g = m \cdot a$$

a: Beschleunigung in m/s²

$$m = \frac{F_g}{a} \qquad a = \frac{F_g}{m}$$

Hebelgesetz

$$F_1 \cdot l_1 = F_2 \cdot l_2$$

F_1, F_2, F_3: Kräfte in N
l_1, l_2, l_3: Länge in m

$$F_1 = \frac{F_2 \cdot l_2}{l_1} \qquad F_1 = \frac{F_2 \cdot l_2 + F_3 \cdot l_3}{l_1}$$

$$l_1 = \frac{F_2 \cdot l_2}{F_1} \qquad l_1 = \frac{F_2 \cdot l_2 + F_3 \cdot l_3}{F_1}$$

$$F_2 = \frac{F_1 \cdot l_1}{l_2} \qquad F_2 = \frac{F_1 \cdot l_1 + F_3 \cdot l_3}{l_2}$$

$$l_2 = \frac{F_1 \cdot l_1}{F_2} \qquad l_2 = \frac{F_1 \cdot l_1 + F_3 \cdot l_3}{F_2}$$

Heizkörperberechnung

– Flachheizkörper

1. $A = l \cdot b$
   (Fläche des Raumes berechnen)
2. $Q_{HL} = q \cdot A$
   (W/m^2 · Fläche des Raumes)

A: Fläche in m^2
l: Länge Raum in m
b: Breite Raum in m

3. BRH – 17cm ⇒ max. HK-Höhe
   Fensternische – 0,25 m ⇒
   max. HK-Länge
4. $Q_S = Q_{HL} \cdot f_1$ oder f_T (Watt · f_1 oder f_T (Tabelle) · f_2 (falls gewünscht)
5. $$Q_L = \frac{\Phi_S}{max.\ HK - Länge}$$
   (Watt : max. HK-Länge = W/m)
6. $\frac{Q_L}{2}$ (Bei 2 Fensternischen: W/m : 2)
7. Heizkörper aussuchen

BRH: Brüstungshöhe in cm

Q_{HL}: Normheizlast in W

q: notwendige Heizleistung in W/m²

Q_S: Norm-Wärmeleistung in W

f_1 oder f_T: Temperaturkorrekturfaktor

f_2: Leistungsminderungsfaktor

Q_L: Norm-Wärmeleistung des Moduls in W/m

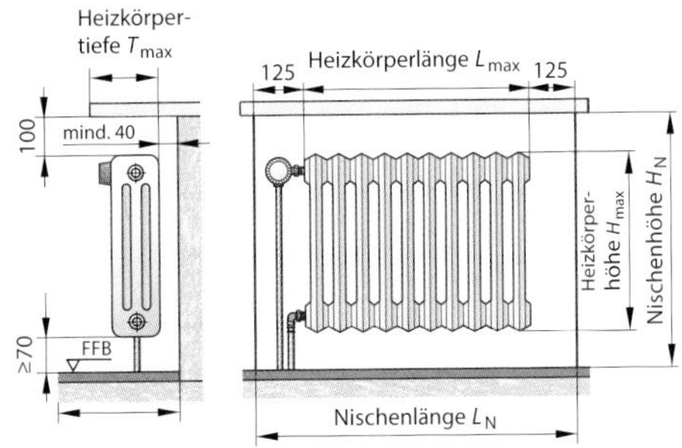

(aus: 3136, Fachkenntnisse 1)

Heizkörperberechnung

– Handtuchheizkörper

1. $A = l \cdot b$ (Fläche Raum berechnen)
2. $Q_{HL} = q \cdot A$ (W/m² · Fläche Raum)
3. $Q_S = Q_{HL} \cdot f_1 \cdot f_2$ (Watt · f_1 (Tabelle) · f_2 (falls gewünscht)
   (f_1 nur bei abweichenden Systemtemperaturen)
4. Heizkörper aussuchen

Vorlauf-temperatur Φ_V in °C	Rücklauf-temperatur Φ_R in °C	Norm-Innentemperatur Φ_i in °C						
		10	12	15	18	20	22	24
90	80	0,59	0,61	0,64	0,68	0,71	0,74	0,77
	75	0,62	0,64	0,68	0,72	0,75	0,78	0,82
	70	0,65	0,67	0,72	0,76	0,80	0,83	0,87
	65	0,68	0,71	0,76	0,81	0,85	0,89	0,93
	60	0,72	0,76	0,81	0,87	0,91	0,96	1,01
	55	0,77	0,81	0,87	0,93	0,98	1,04	1,10
	50	0,83	0,87	0,93	1,01	1,07	1,14	1,21

Vorlauf-temperatur Φ_V in °C	Rücklauf-temperatur Φ_R in °C	Norm-Innentemperatur Φ_i in °C						
		10	12	15	18	20	22	24
85	75	0,64	0,67	0,71	0,75	0,79	0,82	0,86
	70	0,68	0,70	0,75	0,80	0,83	0,88	0,92
	65	0,72	0,75	0,80	0,85	0,89	0,94	0,99
	60	0,76	0,79	0,85	0,91	0,96	1,01	1,07
	55	0,81	0,85	0,91	0,98	1,04	1,10	1,16
	50	0,87	0,91	0,98	1,07	1,13	1,21	1,29
80	70	0,71	0,74	0,79	0,84	0,88	0,93	0,97
	60	0,80	0,83	0,89	0,96	1,01	1,07	1,13
	50	0,91	0,96	1,04	1,13	1,20	1,28	1,37
	40	1,07	1,14	1,25	1,39	1,50	1,63	1,78
75	65	0,79	0,82	0,88	0,95	1,00	1,05	1,12
	60	0,84	0,88	0,94	1,02	1,08	1,14	1,21
	55	0,89	0,94	1,01	1,10	1,17	1,24	1,32
	50	0,96	1,01	1,10	1,20	1,28	1,37	1,47
70	60	0,88	0,93	1,00	1,08	1,15	1,22	1,30
	55	0,94	0,99	1,08	1,17	1,25	1,33	1,42
	50	1,01	1,07	1,17	1,28	1,37	1,47	1,58
65	55	1,00	1,05	1,15	1,26	1,34	1,43	1,54
	50	1,08	1,14	1,25	1,37	1,47	1,59	1,71
	45	1,17	1,24	1,37	1,52	1,64	1,78	1,94

Vorlauf-temperatur Φ_V in °C	Rücklauf-temperatur Φ_R in °C	Norm-Innentemperatur Φ_i in °C						
		10	12	15	18	20	22	24
60	55	1,07	1,13	1,23	1,36	1,45	1,56	1,68
	50	1,15	1,22	1,34	1,48	1,60	1,73	1,87
	45	1,25	1,33	1,47	1,65	1,78	1,94	2,13
	40	1,37	1,47	1,64	1,86	2,03	2,24	2,50
55	50	1,23	1,31	1,45	1,62	1,75	1,90	2,07
	45	1,34	1,43	1,60	1,80	1,96	2,15	2,37
	40	1,47	1,59	1,78	2,03	2,24	2,48	2,78
	35	1,64	1,78	2,03	2,36	2,64	2,99	3,43
50	45	1,45	1,56	1,75	1,98	2,17	2,40	2,67
	40	1,60	1,73	1,96	2,25	2,50	2,79	3,15
	35	1,78	1,94	2,24	2,63	2,96	3,38	3,92
	30	2,03	2,24	2,64	3,20	3,70	4,39	5,39
45	40	1,75	1,90	2,17	2,53	2,83	3,19	3,66
	35	1,96	2,15	2,50	2,96	3,37	3,89	4,58
	30	2,24	2,48	2,96	3,63	4,25	5,11	6,38
	25	2,64	2,99	3,70	4,84	6,08	8,26	13,93

Tabelle 2 Korrekturfaktor f_1 oder f_T bei abweichenden Auslegungstemperaturen auf Grundlage von DIN EN 442, Heizkörper Exponent n = 1,3 (aus: 3136, Fachkenntnisse 1)

– **Stahlradiator**

1. Höhe/Tiefe $\Rightarrow$ Tabelle 3 $\Rightarrow$ Φ_L W/Glied
2. $Q_{HL} = Q_L \cdot n$ (*n* = Anzahl der Glieder)
3. Systemtemperaturen (Tabelle 1) $\Rightarrow$ f_1
4. $Q_S = Q_{HL} \cdot f_1 \cdot f_2$ (falls gewünscht)
5. Heizkörper aussuchen

Stahlradiatoren

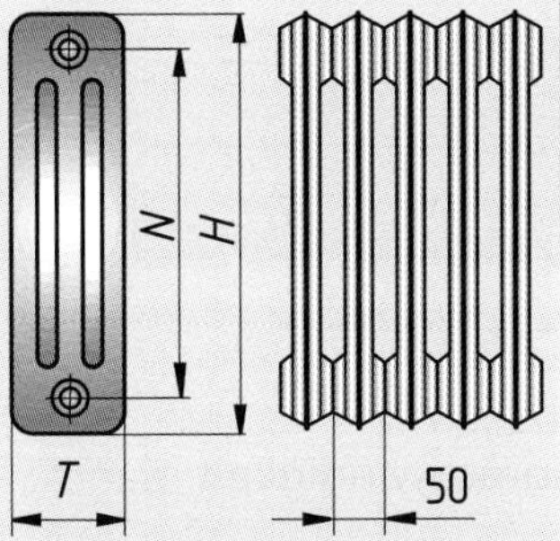

Höhe H in mm	Naben-abstand N in mm	Tiefe T in mm	Wärmeleistung Φ_L in $\frac{W}{Glied}$ (Exponent n = 1,3)
300	200	250	58
450	350	160 220	56 75
600	500	110 160 220	55 75 96
1000	900	110 160 220	92 118 154

Tabelle 3 Wärmeleistung des Moduls Φ_L in $\frac{W}{Glied}$ von Stahlradiatoren nach DIN EN 442 bei 75/65/20 °C
(aus: 3136, Fachkenntnisse 1)

Hydraulische Presse

$$\frac{F_1}{A_1} = \frac{F_2}{A_2}$$

$A_{1\ \text{oder}\ 2}$: Kolbenfläche in m²
$F_{1\ \text{oder}\ 2}$: Kolbenkraft in N

$$F_1 = \frac{F_2 \cdot A_1}{A_2} \qquad A_1 = \frac{A_2 \cdot F_1}{F_2}$$

$$F_2 = \frac{F_1 \cdot A_2}{A_1} \qquad A_2 = \frac{A_1 \cdot F_2}{F_1}$$

TIPP:

A_1 und A_2 müssen die gleiche Einheit haben!

Kontinuitätsgesetz

$$A_1 \cdot v_1 = A_2 \cdot v_2$$

A_1, A_2: Fläche in m^2
v_1, v_2: Fließgeschwindigkeit in m/s

$$A_1 = \frac{A_2 \cdot v_2}{v_1} \qquad v_1 = \frac{A_2 \cdot v_2}{A_1}$$

$$A_2 = \frac{A_1 \cdot v_1}{v_2} \qquad v_2 = \frac{A_1 \cdot v_1}{A_2}$$

TIPP:

$$A = \frac{d^2 \cdot \pi}{4}$$

$$d = \sqrt{\frac{4A}{\pi}}$$

Längenänderung

$$\Delta L = L_0 \cdot \alpha \cdot \Delta\theta$$

$$L_0 = \frac{\Delta L}{\alpha \cdot \Delta\theta}$$

$$\alpha = \frac{\Delta L}{L_0 \cdot \Delta\theta}$$

$$\Delta\theta = \frac{\Delta L}{L_0 \cdot \alpha}$$

ΔL: Längenänderung in mm
L_0: Ausgangslänge in m
α: Längenausdehnungskoeffizient (Tabellenwert in mm/m · k)
$\Delta\theta$ oder $\Delta\vartheta$: Temperaturdifferenz in K

TIPP:

$\Delta\theta = \theta_2 - \theta_1$

$\theta_1 = \theta_2 - \Delta\theta$

$\theta_2 = \Delta\theta + \theta_1$

Werkstoff	α in $\frac{m}{m \cdot K} = \frac{1}{K}$	α in $\frac{mm}{m \cdot K}$	Werkstoff	α in $\frac{m}{m \cdot K} = \frac{1}{K}$	α in $\frac{mm}{m \cdot K}$
Aluminium	0,0000238	0,0238	PE-HD	0,00020	0,20
Beton	0,0000115	0,0115	PE-X	0,00018	0,18
Chrom	0,0000085	0,0085	PP	0,00015	0,15
Grauguss	0,0000105	0,0105	PVC	0,00008	0,08
Gusseisen	0,0000104	0,0104	Stahl, unlegiert	0,0000115	0,0115
Kupfer	0,0000165	0,0165	Stahl, nichtrostend	0,000011	0,011
Messing	0,0000184	0,0184	Verbundrohr PE-X/Al/PE-HD	0,000026	0,026
PB	0,0013	0,13			

Längenausdehnungskoeffizienten verschiedener Werkstoffe (aus 3136, Fachkenntnisse 1)

Luftverhältniszahl, Luftbedarf, Luftüberschuss

- bei CO_2

$$\lambda = \frac{CO_{2max}}{CO_2}$$

$$CO_{2\,max} = \lambda \cdot CO_2 \qquad CO_2 = \frac{CO_{2\,max}}{\lambda}$$

λ: Luftverhältniszahl
(λ bedeutet „klein lambda“)
CO_{2max}: max. CO_2-Gehalt im Abgas
CO_2: gemessener CO_2-Gehalt im Abgas

- bei O_2

$$\lambda = \frac{O_2}{21 - O_2} + 1$$

O_2: gemessener O_2-Gehalt im Abgas

$$L_{tats} = \lambda \cdot L_{min}$$

$$L_{min} = \frac{L_{tats}}{\lambda} \qquad \lambda = \frac{L_{tats}}{L_{min}}$$

L_{tats}: tatsächlicher Luftbedarf
L_{min}: theoretischer Luftbedarf

$$n = (\lambda - 1) \cdot 100\% \qquad \lambda = 1 + \frac{n}{100\%}$$

n: Luftüberschuss

Brennstoff	L_{min} in $\frac{m^3}{kg}$	CO_{2max} in %
Holz	4,1	20,2
Koks	7,7	20,7
Steinkohle	7,9	18,7
Heizöl EL	11,2	15,4

Brennstoff	L_{min} in $\frac{m^3}{m^3}$	CO_{2max} in %
Erdgas LL	8,4	11,8
Erdgas E	9,8	12,0
Propan	23,8	13,8
Butan	30,9	14,1

Theoretischer Luftbedarf L_{min} und theoretisch maximaler CO_2-Gehalt CO_{2max} verschiedener Brennstoffe. Je nach Brennstoffqualität können die Werte geringfügig abweichen. (aus: 3137, Fachkenntnisse 2)

Masse

$m = V \cdot \rho$

$\rho = \frac{m}{V}$

$V = \frac{m}{\rho}$

m: Masse in kg
V: Volumen in dm^3
ρ: Dichte (Tabellenwert) in kg/dm^3
(ρ bedeutet „klein rho“)

TIPP:

$m = m' \cdot l$

m': Tabellenwert bei Rohren
l: Länge des Rohres

(Die Dichte ausgewählter Stoffe: siehe Tabelle Seite 11)

Mechanische Leistung

$$P = \frac{W}{t}$$

$$t = \frac{W}{P} \qquad W = P \cdot t$$

$$P = \frac{F \cdot s}{t}$$

$$s = \frac{P \cdot t}{F}$$

$$t = \frac{F \cdot s}{P} \qquad F = \frac{P \cdot t}{s}$$

P: Leistung in Nm/s = W
W: Arbeit in Nm
t: Zeit in s
F: Kraft in N
s: Weg in m

TIPP:

Nm/s = W
F= m · g

F: Kraft in N
m: Masse in kg
g: Erd- oder Fallbeschleunigung in $m/s^2 \approx 10\ m/s^2$

Zugleistung:

$$P = F \cdot v$$

$$F = \frac{P}{v} \qquad v = \frac{P}{F}$$

P: Leistung in Nm/*s* = *W*
F: Kraft in N
v: Fahrgeschwindigkeit in m/s

Mischtemperatur

$$\theta_M = \frac{m_K \cdot \theta_K + m_W \cdot \theta_W}{m_K + m_W}$$

$$\theta_W = \frac{m_M \cdot \theta_M - m_K \cdot \theta_K}{m_W}$$

$$\theta_K = \frac{m_M \cdot \theta_M - m_W \cdot \theta_W}{m_K}$$

$$m_W = m_K \cdot \frac{\theta_M - \theta_K}{\theta_W - \theta_M}$$

$$m_W = m_M \cdot \frac{\theta_M - \theta_K}{\theta_W - \theta_K}$$

$$m_K = m_W \cdot \frac{\theta_W - \theta_M}{\theta_M - \theta_K}$$

$$m_K = m_M \cdot \frac{\theta_W - \theta_M}{\theta_W - \theta_K}$$

θ_M oder ϑ_M: Temperatur Mischwasser in °C
θ_W oder ϑ_W: Temperatur Warmwasser in °C
θ_K oder ϑ_K: Temperatur Kaltwasser in °C
m_M: Masse Mischwasser in kg
m_W: Masse Warmwasser in kg
m_K: Masse Kaltwasser in kg

TIPP:

$m_M = m_K + m_W$
$m_W = m_M - m_K$
$m_K = m_M - m_W$

Nennwärmeleistung (Nutzen)

$$\Phi_{NL} = \frac{m \cdot c \cdot \Delta\theta}{t}$$

$$m = \frac{\Phi_{NL} \cdot t}{c \cdot \Delta\theta}$$

$$t = \frac{m \cdot c \cdot \Delta\theta}{\Phi_{NL}}$$

$$c = \frac{\Phi_{NL} \cdot t}{m \cdot \Delta\theta}$$

Φ_{NL} oder $\dot{Q}_{NL}$: Nennwärmeleistung in W
m: Masse in kg
c: spezifische Wärmekapazität, z. B. Wasser 1,163 Wh/kg · K
$\Delta\theta$ oder $\Delta\vartheta$: Temperaturdifferenz in K
t: Zeit in h

Nennwärmebelastung (Aufwand)

$$\Phi_{NB} = \frac{V_G \cdot H_S}{t}$$

$$V_G = \frac{\Phi_{NB} \cdot t}{H_S}$$

$$t = \frac{V_G \cdot H_S}{\Phi_{NB}}$$

$$H_S = \frac{\Phi_{NB} \cdot t}{V_G}$$

Φ_{NB} oder $\dot{Q}_{NB}$: Nennwärmebelastung in W
V_G: Volumen Gas in m^3
H_S: Brennwert in kWh/m^3
t: Zeit in h

Öldurchsatz

$$\dot{m}_E = \frac{\dot{Q}_{NB}}{H_i}$$

$$\dot{Q}_{NB} = \dot{m}_E \cdot H_i \qquad H_i = \frac{\dot{Q}_{NB}}{\dot{m}_E}$$

$$\dot{m}_E = \frac{\dot{Q}_{NL}}{H_i \cdot \eta}$$

$$\dot{Q}_{NL} = \dot{m}_E \cdot H_i \cdot \eta$$

$$H_i = \frac{\dot{Q}_{NL}}{\dot{m}_E \cdot \eta}$$

$$\eta = \frac{\dot{Q}_{NL}}{\dot{m}_E \cdot H_i}$$

$$\dot{V}_E = \frac{\dot{m}_E}{\varrho}$$

$$\dot{m}_E = \dot{V}_E \cdot \varrho$$

$$\varrho = \frac{\dot{m}_E}{\dot{V}_E}$$

$\dot{m}_E$: Öldurchsatz in kg/h
$\dot{Q}_{NB}$: Nennwärmebelastung in kW
H_i: Heizwert in kWh/kg
η: Wirkungsgrad
$\dot{V}_E$: Öldurchsatz in l/h
ϱ: Dichte in kg/dm^3
$\dot{Q}_{NL}$: Nennwärmeleistung in kW

Pumpenleistung

$$P_{zu} = \frac{\dot{V} \cdot \Delta p}{3600 \cdot (\eta)}$$

P_{zu}: zugeführte Leistung in W
$\dot{V}$: Volumenstrom in m^3/h
Δp: Druckverlust in Pa
η: Wirkungsgrad (z.B. 50% $\Rightarrow$ 0,5)

$$\dot{V} = \frac{P_{zu} \cdot (\eta) \cdot 3600}{\Delta p}$$

$$\Delta p = \frac{P_{zu} \cdot (\eta) \cdot 3600}{\dot{V}}$$

$$\eta = \frac{\dot{V} \cdot \Delta p}{P_{zu} \cdot 3600}$$

TIPP:

1 bar= 100000 Pa
1mWs= 0,1 bar= 10000 Pa
1mbar= 100 Pa

$$P_{ab} = \frac{\dot{V} \cdot \Delta p}{3600}$$

P_{ab}: abgeführte Leistung in W
$\dot{V}$: Volumenstrom in m^3/h
Δp: Druckverlust in Pa

$$\dot{V} = \frac{P_{ab} \cdot 3600}{\Delta p}$$

$$\Delta p = \frac{P_{ab} \cdot 3600}{\dot{V}}$$

Pumpenleistung

$$\eta = \frac{P_{ab}}{P_{zu}}$$

P_{ab}: abgeführte Leistung in W
P_{zu}: zugeführte Leistung in W
η: Wirkungsgrad (z.B. 50% $\Rightarrow$ 0,5)

$$P_{ab} = \eta \cdot P_{zu} \qquad P_{zu} = \frac{P_{ab}}{\eta}$$

$$\eta_{ges} = \eta_M \cdot \eta_P$$

η_M: Motorenwirkungsgrad
η_P: Pumpenwirkungsgrad
η_{ges}: Gesamtwirkungsgrad

$$\eta_M = \frac{\eta_{ges}}{\eta_p} \qquad \eta_p = \frac{\eta_{ges}}{\eta_M}$$

$$P = \dot{m} \cdot g \cdot s$$

$\dot{m}$: Fördermenge in kg/s
g: Erdbeschleunigung $\approx$ 10 m/s^2 (9,81m/s^2)
s: Förderhöhe in m

$$\dot{m} = \frac{P}{g \cdot s}$$

$$g = \frac{P}{\dot{m} \cdot s} \qquad s = \frac{P}{\dot{m} \cdot g}$$

$$\dot{m} = \frac{m}{t}$$

$\dot{m}$: Fördermenge in kg/s
m: Masse in kg
t: Zeit in s

$$m = \dot{m} \cdot t \qquad t = \frac{m}{\dot{m}}$$

Pythagoras

$$a^2 + b^2 = c^2$$

$$c = \sqrt{a^2 + b^2}$$

$$a = \sqrt{c^2 - b^2}$$

$$b = \sqrt{c^2 - a^2}$$

a: Kathete
b: Kathete
c: Hypotenuse

TIPP:

c liegt immer gegenüber dem rechten Winkel!

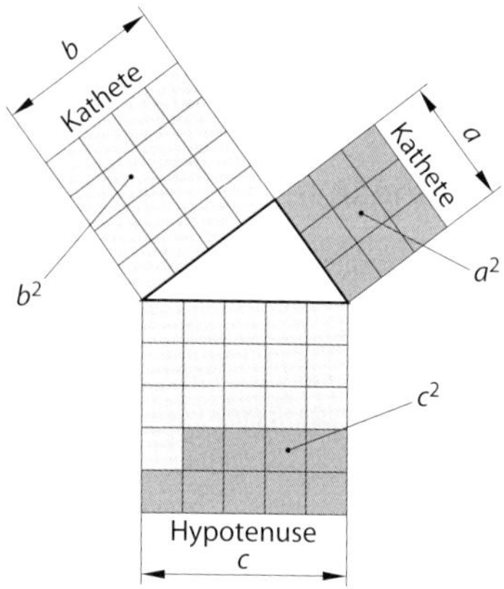

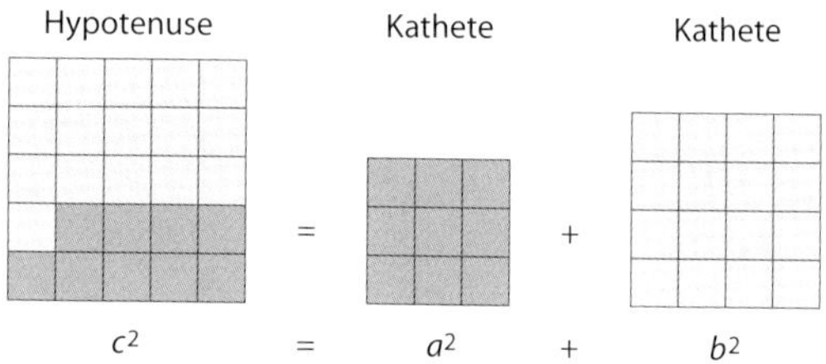

Rechtwinkliges Dreieck / Lehrsatz des Pythagoras
(aus: 3135, Grundkenntnisse)

Rohrnetzkennlinie

$$\frac{\Delta p_1}{\Delta p_2} = \left(\frac{\dot{V}_1}{\dot{V}_2}\right)^2$$

Δp_1 oder Δp_2: Druckverlust in Pa
$\dot{V}_1$ oder $\dot{V}_2$: Volumenstrom in m^3/h

$$\Delta p_1 = \frac{\dot{V}_1^{\,2} \cdot \Delta p_2}{\dot{V}_2^{\,2}} \qquad \dot{V}_1 = \sqrt{\frac{\Delta p_1 \cdot \dot{V}_2^{\,2}}{\Delta p_2}}$$

$$\Delta p_2 = \frac{\dot{V}_2^{\,2} \cdot \Delta p_1}{\dot{V}_1^{\,2}} \qquad \dot{V}_2 = \sqrt{\frac{\Delta p_2 \cdot \dot{V}_1^{\,2}}{\Delta p_1}}$$

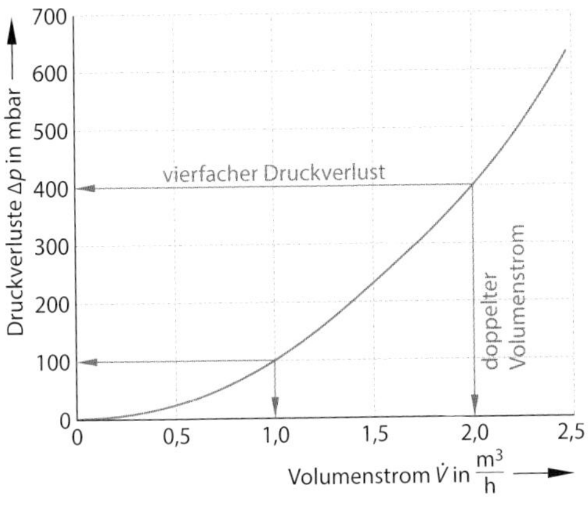

Rohrnetzkennlinie
(aus: 3136, Fachkenntnisse 1)

Schmelzen und Verdampfen

$$Q_s = m \cdot s$$

Q_s: Schmelzwärme in Wh oder kJ
m: Masse in kg
s: spezifische Schmelzwärme (Tabelle)

$$m = \frac{Q_s}{s}$$

$$s = \frac{Q_s}{m}$$

$$Q_v = m \cdot r$$

Q_v: Verdampfungswärme in Wh oder kJ
m: Masse in kg
r: spezifische Verdampfungswärme (Tabelle)

$$m = \frac{Q_v}{r}$$

$$r = \frac{Q_v}{m}$$

TIPP:

$$\text{Wh} \underset{:3{,}6}{\overset{\cdot 3{,}6}{\rightleftarrows}} \text{kJ}$$

$$\text{kW} \underset{:3600}{\overset{\cdot 3600}{\rightleftarrows}} \text{kJ/h}$$

Schmelzen und Verdampfen

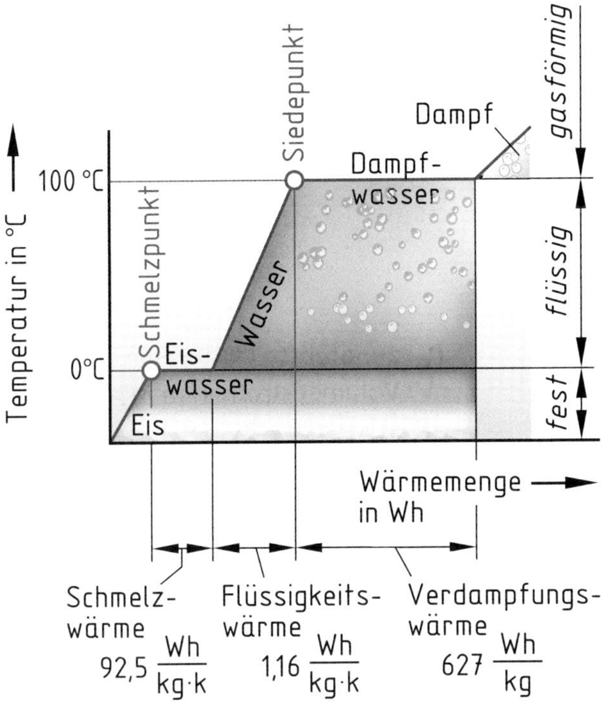

Schnittgeschwindigkeit/ Umfangsgeschwindigkeit

$$v_c = \pi \cdot d \cdot n$$

$$n = \frac{v_c}{\pi \cdot d} \qquad d = \frac{v_c}{\pi \cdot n}$$

v_c: Schnittgeschwindigkeit in m/min
d: Durchmesser in m
n: Umdrehungsfrequenz (Drehzahl) in 1/min

Ventilatorleistung

$$P_{zu} = \frac{\dot{V} \cdot \Delta p}{3600 \cdot (\eta)}$$

$$\dot{V} = \frac{P_{zu} \cdot (\eta) \cdot 3600}{\Delta p}$$

$$\Delta p = \frac{P_{zu} \cdot (\eta) \cdot 3600}{\dot{V}}$$

$$\eta = \frac{\dot{V} \cdot \Delta p}{P_{zu} \cdot 3600}$$

P_{zu}: zugeführte Leistung in W
$\dot{V}$: Volumenstrom in m^3/h
Δp: Druckverlust in Pa
η: Wirkungsgrad (z.B. 50% $\Rightarrow$ 0,5)

TIPP:

1 bar= 100000 Pa
1mWs= 0,1 bar= 10000 Pa
1mbar= 100 Pa

Volumen

Prisma

$$V = A \cdot h$$

V: Volumen in m³
A: Fläche in m²
h: Höhe in m

$$A = \frac{V}{h}$$

$$h = \frac{V}{A}$$

Rohr

$$V = A \cdot h \rightarrow A = \frac{d^2 \cdot \pi}{4}$$

$\pi \approx 3{,}14$

TIPP:

$V = V' \cdot l$

V': Tabellenwert für Rohre
l: Länge des Rohres

$$h = \frac{V}{A}$$

$$A = \frac{V}{h}$$

Volumenstrom

$$\dot{V} = A \cdot v$$

$$A = \frac{\dot{V}}{v}$$

$$v = \frac{\dot{V}}{A}$$

$\dot{V}$: Volumenstrom in m^3/s
A: Fläche in m^2
v: Fließgeschwindigkeit in m/s
t: Zeit in s
V: Volumen in m^3

TIPP:

$$A = \frac{d^2 \cdot \pi}{4}$$

$$d = \sqrt{\frac{4A}{\pi}}$$

$$V = \dot{V} \cdot t$$

$$\dot{V} = \frac{V}{t}$$

$$t = \frac{V}{\dot{V}}$$

Wärmedurchgang

$$\Phi = U \cdot A \cdot \Delta\theta$$

$$A = \frac{\Phi}{U \cdot \Delta\theta}$$

$$\Delta\theta = \frac{\Phi}{U \cdot A}$$

$$U = \frac{\Phi}{A \cdot \Delta\theta}$$

Φ oder $\dot{Q}$: Wärmestrom in W
U: Wärmedurchgangskoeffizient in W/m² · K
A: Fläche in m^2
$\Delta\theta$, ΔT oder $\Delta\vartheta$: Temperaturdifferenz in K

Wärmedurchgang von → durch → an	U in $\frac{W}{m^2 \cdot K}$	Wärmedurchgang von → durch → an	U in $\frac{W}{m^2 \cdot K}$
Wasser → Stahl → Wasser	300…500[1)]	Luft[3)] → Stahl → Luft	10…16
Wasser → Kupfer → Wasser	350…550[1)]	Luft[3)] → Kupfer → Luft	8…17
Dampf → Stahl → Wasser	930…1390	Luft[3)] → Schamottesteine → Luft	5…7
Dampf → Kupfer → Wasser	1160…2910	Rauchgas[3)] → Stahl → Wasser	9…10
Wasser → Metall → Luft[2)]	10…29	Rauchgas[3)] → Stahl → Dampf	11…14

1) Je nach Wasserführung und Geschwindigkeit kann der U-Wert wesentlich höher sein.
2) Heizkörper 8…15 W/(m² · K).
3) Gilt auch für Heizgas.

Wärmedurchgangskoeffizient U (Anhaltswerte)
(aus: 3130, Tabellenbuch)

Wärmeleistung

$$\Phi = \frac{m \cdot c \cdot \Delta\theta}{t}$$

$$t = \frac{m \cdot c \cdot \Delta\theta}{\Phi}$$

$$m = \frac{t \cdot \Phi}{c \cdot \Delta\theta}$$

$$c = \frac{t \cdot \Phi}{m \cdot \Delta\theta}$$

Φ oder $\dot{Q}$: Wärmeleistung in W
m: Masse in kg
c: Wärmekapazitäten verschiedener Stoffe 1,163 Wh/kg · K
$\Delta\theta$ oder $\Delta\vartheta$: Temperaturdifferenz in K
t: Zeit in h

TIPP:

$$\Delta\theta = \theta_2 - \theta_1$$

$$\theta_1 = \theta_2 - \Delta\theta$$

$$\theta_2 = \Delta\theta + \theta_1$$

$$\Phi = \frac{Q}{t}$$

$$t = \frac{Q}{\Phi}$$

$$Q = \Phi \cdot t$$

t: Zeit in h
Φ oder $\dot{Q}$: Wärmeleistung in W
Q: Wärmemenge in Wh

Stoff	Spezifische Wärmekapazität	
	in $\frac{kJ}{kg \cdot K}$	in $\frac{Wh}{kg \cdot K}$
Aluminium	0,900	0,25
CuSn-Legierung	0,380	0,106
Gusseisen	0,544	0,15
Kupfer	0,390	0,108
CuZn-Legierung	0,390	0,108
Stahl	0,460	0,128
nicht rostender Stahl	0,500	0,139
Zink	0,395	0,11
Polyethylen (PE-X)	2,310	0,642
Polybuthen (PB)	1,500	0,417
Polypropylen (PP)	2,000	0,555
Polyvinylchlorid (PVC)	0,980	0,272
Heizöl EL	2,070	0,575
Wasser	4,190	1,163
Eis	2,050	0,57
Wasserdampf	1,900	0,528
Luft	1,224	0,34

c: spezifische Wärmekapazitäten verschiedener Stoffe
(aus: 3136, Fachkenntnisse 1)

Wärmemenge

$$Q = m \cdot c \cdot \Delta\theta$$

$$c = \frac{Q}{m \cdot \Delta\theta}$$

$$m = \frac{Q}{c \cdot \Delta\theta}$$

$$\Delta\theta = \frac{Q}{m \cdot c}$$

Q: Wärmemenge in Wh
m: Masse in kg
c: spezifische Wärmekapazität, z. B. ⇒ Wasser 1,163 Wh/kg · K
$\Delta\theta$, ΔT oder $\Delta\vartheta$: Temperaturdifferenz in K

TIPP:

$$\Delta\theta = \theta_2 - \theta_1$$
$$\theta_1 = \theta_2 - \Delta\theta$$
$$\theta_2 = \Delta\theta + \theta_1$$

bei gasförmigen Brennstoffen

$$Q = V_B \cdot H_i \text{ oder } H_s$$

$$H_i \text{ oder } H_s = \frac{Q}{V_B}$$

$$V_B = \frac{Q}{H_i \text{ oder } H_S}$$

Q: Wärmemenge in Wh
V_B: Volumen Gas m^3
H_i: Heizwert oder H_s Brennwert in kWh/m^3

bei festen Brennstoffen
bei flüssigen Brennstoffen

$$Q = m_B \cdot H_i \text{ oder } H_s$$

Q: Wärmemenge in Wh
m_B: Masse in kg
H_i: Heizwert oder H_s Brennwert in kWh/kg

$$H_i \text{ oder } H_s = \frac{Q}{m_B}$$

$$m_B = \frac{Q}{H_i \text{ oder } H_s}$$

Brennstoff	Heizwert H_i in $\frac{kWh}{kg}$ $\left(\frac{kWh}{l}\right)$	Brennwert H_s in $\frac{kWh}{kg}$ $\left(\frac{kWh}{l}\right)$
Holz	4,1	4,6
Koks	8,1	8,9
Steinkohle	9,2	9,9
Heizöl EL	11,8 (10,0)	12,6 (10,8)
Brennstoff	**Heizwert H_i in $\frac{kWh}{m^3}$**	**Brennwert H_s in $\frac{kWh}{m^3}$**
Erdgas LL	8,8	9,8
Erdgas E	10,4	11,5
Propan	25,8	28,0
Butan	34,3	37,2

Heiz- und Brennwerte verschiedener Brennstoffe. Je nach Brennstoffqualität können die Werte geringfügig abweichen. (aus: 3137, Fachkenntnisse 2)

Wärmepumpe Leistungszahl

$$\varepsilon_{WP} = \frac{\Phi_{WP}}{P_{el}}$$

$$\Phi_{WP} = \varepsilon_{WP} \cdot P_{el}$$

$$P_{el} = \frac{\Phi_{WP}}{\varepsilon_{WP}}$$

ε_{WP}: Leistungszahl der Wärmepumpe (ε bedeutet „klein epsilon“)

Φ_{WP}: Wärmeleistung (vom Kondensator abgegebene Heizleistung) in kW

P_{el}: Elektrische Leistungsaufnahme (Antriebsleistung des Verdichters) in kW

oder

$$\varepsilon_{WP} = \frac{\Phi_H}{P}$$

$$\Phi_H = \varepsilon_{WP} \cdot P$$

$$P = \frac{\Phi_H}{\varepsilon_{WP}}$$

ε_{WP}: Leistungszahl der Wärmepumpe (ε bedeutet „klein epsilon“)

Φ_H oder $\dot{Q}_H$: Heizwärmeleistung in kW

P: Antriebsleistung in kW

Winkelfunktionen

$$\sin\alpha = \frac{a}{c}$$

$$\cos\alpha = \frac{b}{c}$$

$$\tan\alpha = \frac{a}{b}$$

$$\cot\alpha = \frac{b}{a}$$

$$\sin\beta = \frac{b}{c}$$

$$\cos\beta = \frac{a}{c}$$

$$\tan\beta = \frac{b}{a}$$

$$\cot\beta = \frac{a}{b}$$

$$a = b \cdot \tan\alpha$$

$$a = \frac{b}{\cot\alpha}$$

$$a = c \cdot \sin\alpha$$

$$a = c \cdot \cos\beta$$

$$a = \frac{b}{\tan\beta}$$

$$a = \cot\beta \cdot b$$

$$b = \frac{a}{\tan\alpha}$$

$$b = c \cdot \cos\alpha$$

$$b = a \cdot \cot\alpha$$

$$b = c \cdot \sin\beta$$

$$b = a \cdot \tan\beta$$

$$b = \frac{a}{\cot\beta}$$

$$c = \frac{a}{\sin\alpha}$$

$$c = \frac{b}{\cos\alpha}$$

$$c = \frac{b}{\sin\beta}$$

$$c = \frac{a}{\cos\beta}$$

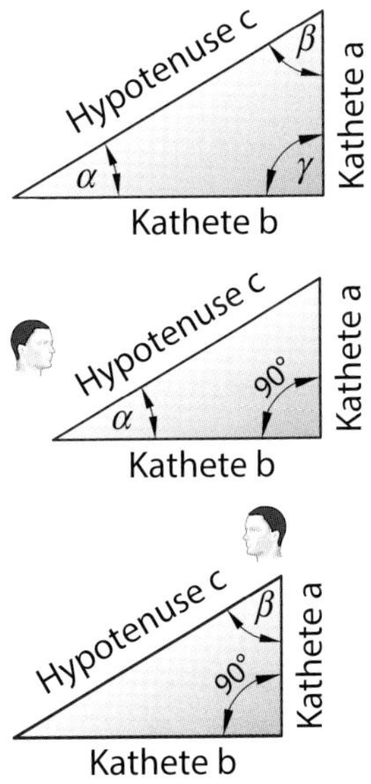

Winkelfunktionen im rechtwinkligen Dreieck (aus: 3130, Tabellenbuch, S. 5)

Wirkungsgrad

$$\eta = \frac{P_{EXI}}{P_{ING}}$$ **oder** $$\eta = \frac{P_{ab}}{P_{zu}}$$

$$P_{EXI} = \eta \cdot P_{ING}$$ $$P_{ab} = \eta \cdot P_{zu}$$

$$P_{ING} = \frac{P_{EXI}}{\eta}$$ $$P_{zu} = \frac{P_{ab}}{\eta}$$

η: Wirkungsgrad (50% = 0,5)
P_{EXI} oder P_{ab}: abgegebene Leistung in W
P_{ING} oder P_{zu}: zugeführte Leistung in W

Kesselwirkungsgrad Brennwert

$$\eta_K = 100\% - q_A + q_K$$

η_K: Kesselwirkungsgrad
q_A: Abgasverluste
q_K: Wärmegewinn durch Kondensation

Feuerungtechnischer Wirkungsgrad

$$\eta_F = 100\% - q_A$$

η_F: Feuerungstechnischer Wirkungsgrad (50% = 0,5)
q_A: Abgasverluste

Gesamtwirkungsgrad

$$\eta_{ges} = \eta_M \cdot \eta_p$$

$$\eta_M = \frac{\eta_{ges}}{\eta_p}$$ $$\eta_p = \frac{\eta_{ges}}{\eta_M}$$

η_M: Motorenwirkungsgrad
η_P: Pumpenwirkungsgrad
η_{ges}: Gesamtwirkungsgrad